U0155406

哈哈哈！有趣的动物（第二辑）

蜗牛

〔法〕蒂埃里·德迪厄 著
大南南 译

湖南教育出版社
·长沙·

“等它过来的这段时间，
足够我给你讲蜗牛的一生了……”

——永田达爷爷

蜗牛喜欢雨，
因为下雨天，它可以更好地呼吸。

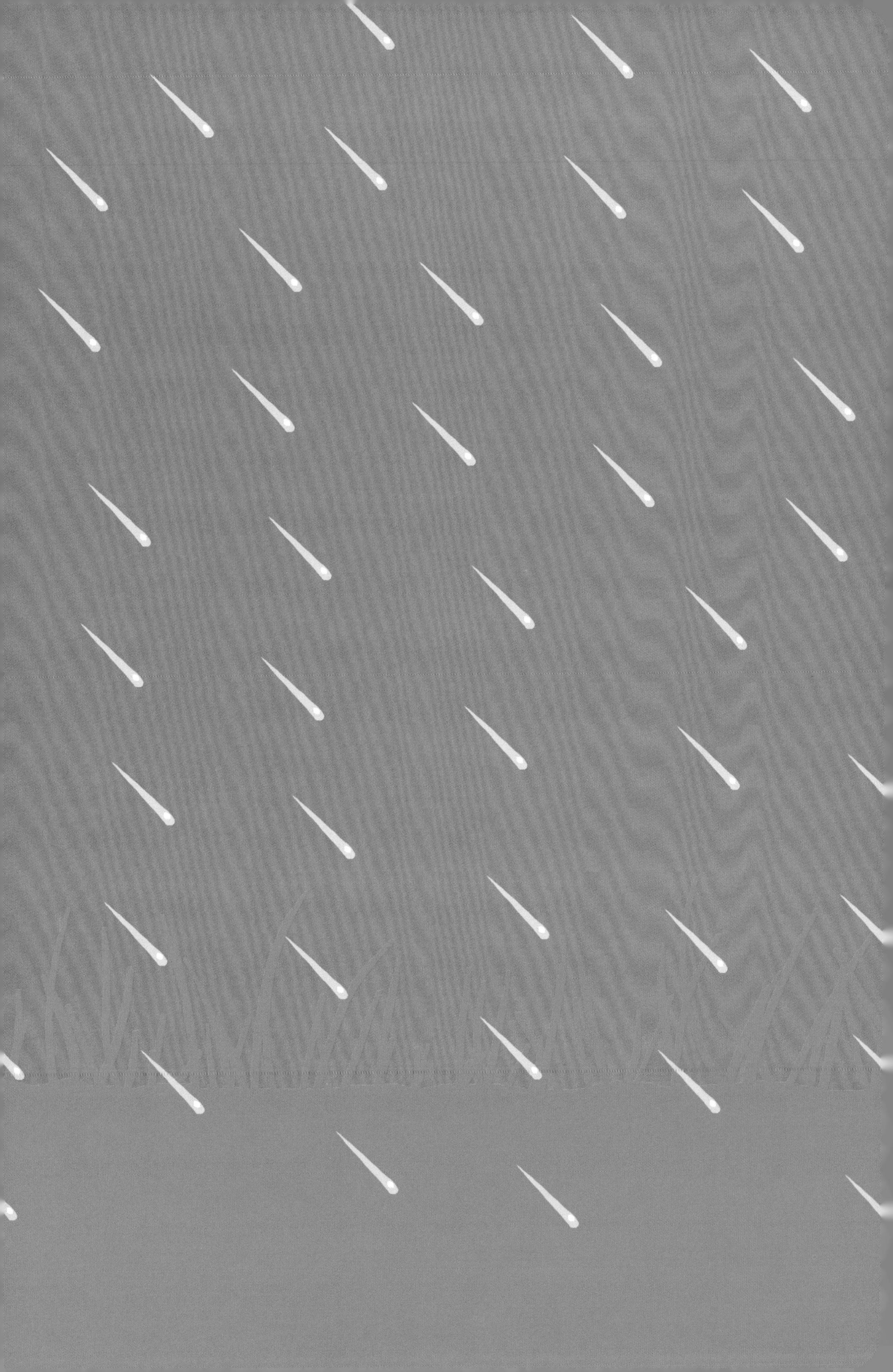

对蜗牛来说，乌龟跑得很快！

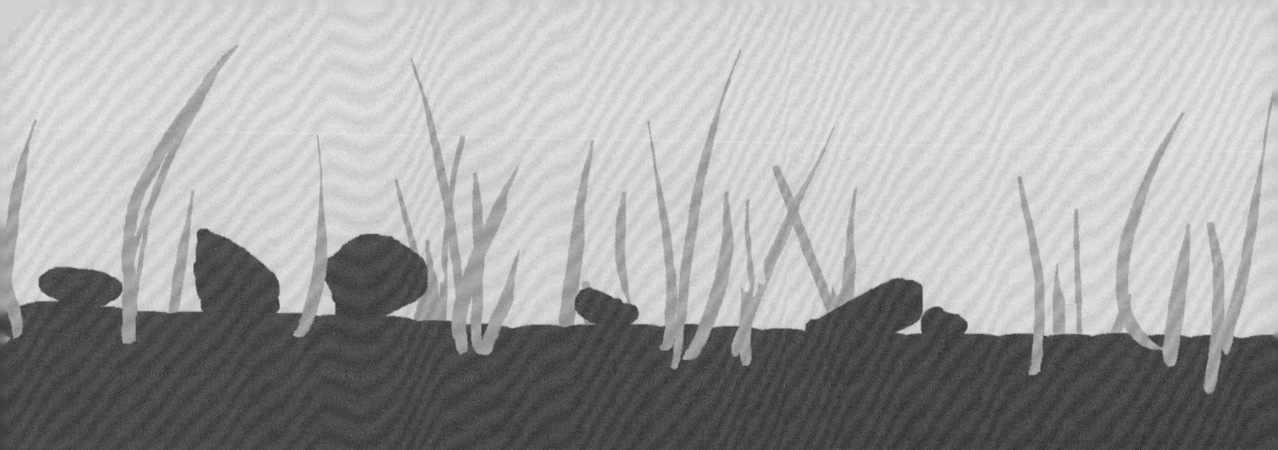

蜗牛在洞里产卵。

蜗牛没有骨头，
是软体动物。

冬天，蜗牛会躲进壳里。

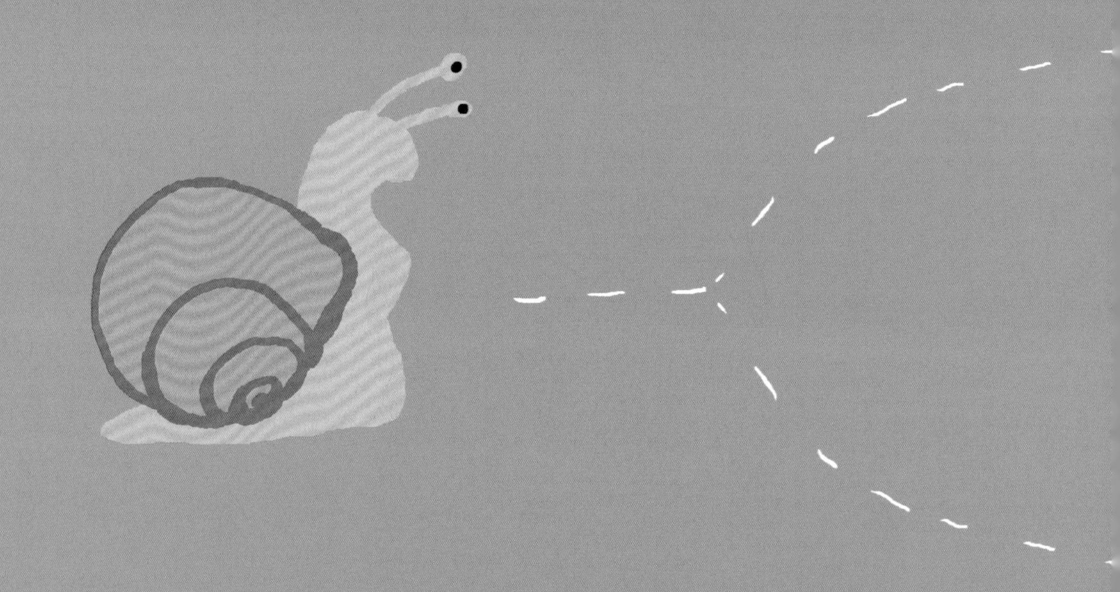

蜗牛雌雄同体。

蜗牛喜欢吃叶子，
是食草动物。

蜗牛的身体像吸盘一样，
所以它可以到处攀爬。

蜗牛爬行时，
会留下黏液。

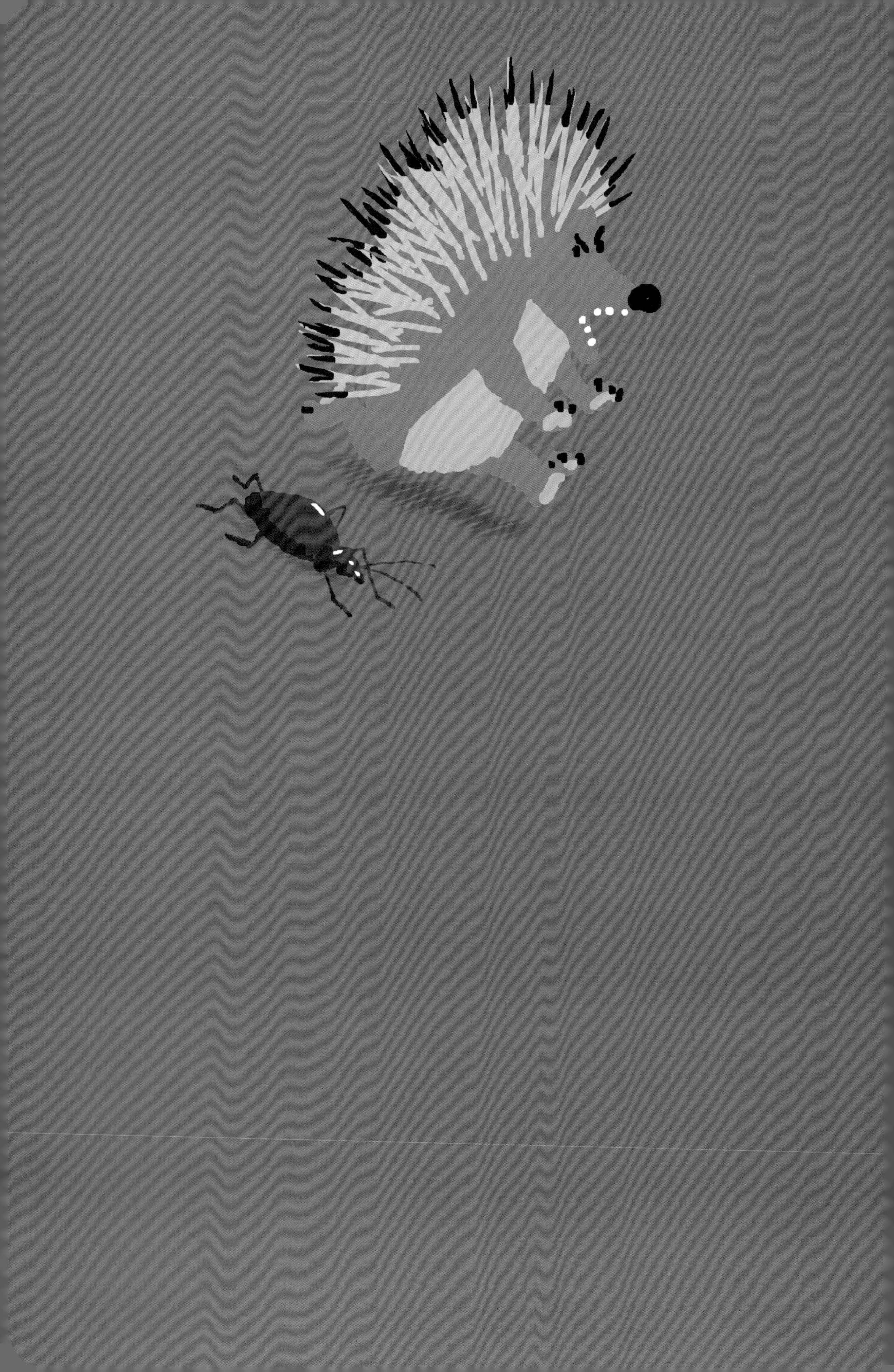

蜗牛的天敌有甲虫和刺猬。

“嘿！慢点，
我追不上你了！”

一岁的孩子就能读科普书？

没错，因为这是永田达爷爷特别为低龄小朋友准备的启蒙科普书。家长们会发现，这本书的文字量很少，画面传递的信息非常精简，但是非常有趣，特别适合爸爸妈妈跟孩子进行亲子阅读。

赶紧和孩子一起打开这本《蜗牛》，跟着永田达爷爷一起来观察蜗牛吧！

翻开书之前，可以带孩子去花园里找一找有没有可爱的小蜗牛藏在里面，带孩子近距离观察一下蜗牛。打开书，让孩子说一说蜗牛的外形有什么特点，它的壳可以用来干什么呢。请孩子猜一猜，蜗牛是喜欢晴天还是雨天？为什么蜗牛可以爬到天花板上呢？问问孩子，蜗牛喜欢吃什么？有什么天敌？我们常说“走得比蜗牛还慢”，它 1 小时只能走大约 5 米，可以打开秒表帮孩子计时，看看他走 5 米需要多长时间。

图书在版编目（CIP）数据

哈哈哈！有趣的动物. 第二辑. 蜗牛 /（法）蒂埃里・德迪厄著；大南南译. —长沙：湖南教育出版社，2022.11
ISBN 978-7-5539-9285-3

Ⅰ. ①哈… Ⅱ. ①蒂… ②大… Ⅲ. ①蜗牛－儿童读物 Ⅳ. ①Q95-49

中国版本图书馆CIP数据核字（2022）第190688号

HAHAHA! YOUQU DE DONGWU DI-ER JI WONIU
哈哈哈！有趣的动物 第二辑 蜗牛

责任编辑：姚晶晶 陈慧娜 李静茹
责任校对：王怀玉
封面设计：熊 婷
出版发行：湖南教育出版社（长沙市韶山北路443号）
电子邮箱：hnjycbs@sina.com
客服电话：0731-85486979
经 销：湖南省新华书店
印 刷：长沙新湘诚印刷有限公司
开 本：787 mm × 1092 mm 1/16
印 张：1.75
字 数：10千字
版 次：2022年11月第1版
印 次：2022年11月第1次印刷
书 号：ISBN978-7-5539-9285-3
定 价：152.00 元（全8册）